故宫博物院宣传教育部 / 编

给孩子的故宫系列

哇！故宫的二十四节气·春

立春

中信出版集团 · 北京

哇！故宫的二十四节气·春·立春

编　　者：故宫博物院宣传教育部
策 划 人：闫宏斌　果美侠　孙超群
特约编辑：李颖翀
策划出品：御鉴文化（北京）有限公司
出版发行：中信出版集团股份有限公司
（北京市朝阳区惠新东街甲 4 号富盛大厦 2 座　邮编 100029）
承 印 者：北京利丰雅高长城印刷有限公司

策 划 方：故宫博物院宣传教育部
出 品 方：御鉴文化（北京）有限公司

出　　品：中信儿童书店
策　　划：中信出版·知学园
策划编辑：鲍　芳　杜　雪　宋雪薇
装帧设计：魏　磊　谢佳静　周艳艳
绘画编辑：徐　帆　周艳艳
营销编辑：张　超　隋志萍　杜　芸

春雨惊春清谷天，
夏满芒夏暑相连，
秋处露秋寒霜降，
冬雪雪冬小大寒。

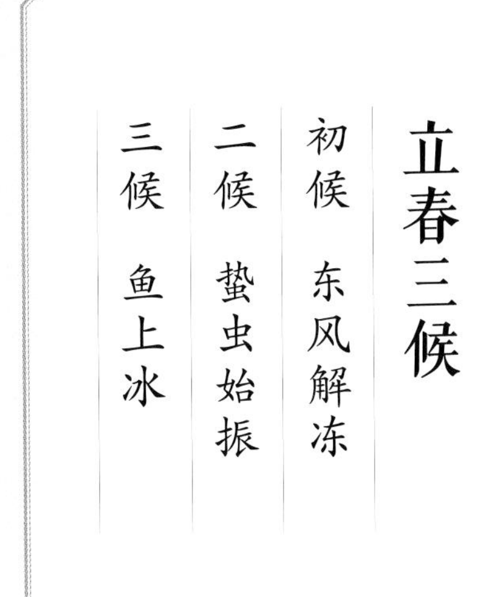

本书关于二十四节气、七十二物候的内容，主要参考了《逸周书·时训解》。它依立春至大寒二十四节气顺序阐释每个节气的天气变化和应出现的物候现象。

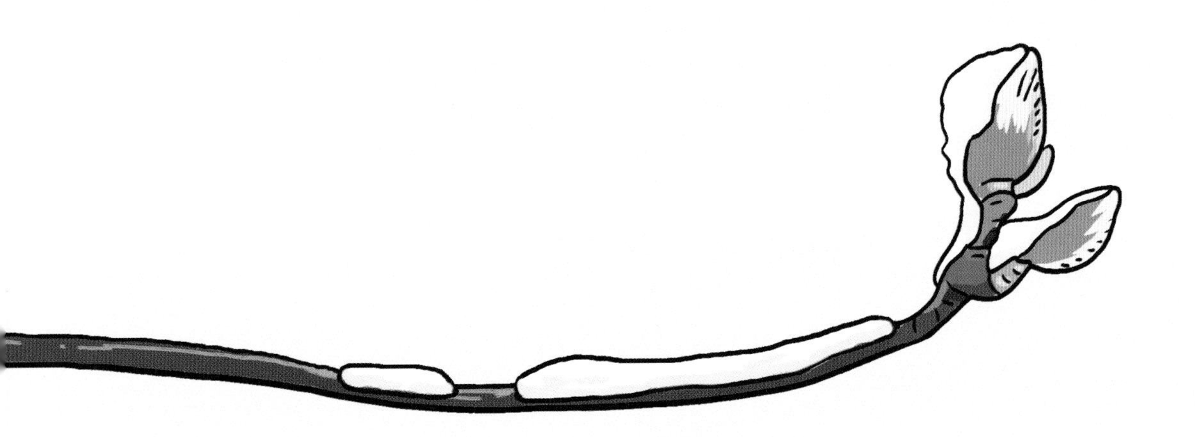

故事人物介绍

人物：骑凤仙人

特点： 老顽童，爱吃又爱玩。

形象来源： 故宫屋脊仙人——骑凤仙人，可骑凤飞行、逢凶化吉。

人物：龙爷爷

特点： 智慧老人，爱打瞌睡。

形象来源： 故宫屋脊小兽——龙，传说中的神奇动物，能呼风唤雨，寓意吉祥。

人物：凤娇娇

特点： 高贵冷艳的大姐姐，有个性。

形象来源： 故宫屋脊小兽——凤，即凤凰，传说中的百鸟之王，祥瑞的象征。

人物：狮威威

特点： 勇猛威严，爱逞强。

形象来源： 故宫屋脊小兽——狮子，传说中的兽王，威武的象征。

人物：海马游游

特点： 天真外向的机灵鬼，话多。

形象来源： 故宫屋脊小兽——海马，身有火焰，可于海中遨游，象征皇家威德可达海底。

人物：天马飞飞

特点： 精明聪敏，有些张扬。

形象来源： 故宫屋脊小兽——天马，有翅膀，可在天上飞行，象征皇家威德可通天庭。

人物：押鱼鱼

特点：乖巧爱美，胆小内向。

形象来源：故宫屋脊小兽——押鱼，传说中的海中异兽，身披鱼鳞，有鱼尾，可呼风唤雨、灭火防灾。

人物：狻大猊

特点：安静腼腆，呆头呆脑。

形象来源：故宫屋脊小兽——狻（suān）猊（ní），传说中能食虎豹的猛兽，形象类狮，也象征威武。

人物：獬小豸

特点：公正热心，为人直率。

形象来源：故宫屋脊小兽——獬（xiè）豸（zhì），传说中的独角猛兽，是皇帝正大光明、清平公正的象征。

人物：斗牛牛

特点：耿直果断，脾气大。

形象来源：故宫屋脊小兽——斗（dǒu）牛，传说中的一种龙，牛头兽态，身披龙鳞，是消灾免祸的吉祥物。

人物：猴小什

特点：多才多艺，脸皮厚。

形象来源：故宫屋脊小兽——行（háng）什（shí）。传说中长有猴面、生有双翅、手执金刚杵的神，可防雷火、消灾免祸。

人物：格格和小阿哥

特点：格格知书达理，求知欲强，争强好胜。

小阿哥生性好动，古灵精怪，想法如天马行空。

小阿哥兴冲冲地问格格：“姐姐，今天我们去哪里玩儿啊？”

“今天立春，是二十四节气的起点，我们应该一起庆祝一下！”

这时，一个神兽从屋檐上一跃而下。

小阿哥被吓了一跳：“原来是龙爷爷呀！”

龙爷爷说：“今天立春，我备下了春宴，打算邀请大家参加。”

“太好了！”小阿哥高兴地喊道。

龙爷爷笑着说：“那我们现在就去吧！”

龙爷爷带着格格和小阿哥来到了畅音阁。

戏台上传来了咿呀唱戏的声音。

天马飞飞和海马游游也在这儿呢。

龙爷爷邀请他们一起参加春宴。

他们开心地说：“好啊，那待会儿见！”

他们来到太和殿外，见到了骑凤仙人。

小阿哥问："仙人，你在干什么呢？"

骑凤仙人指着屋顶说："立春了，屋檐下的冰凌都开始融化了。我在这儿感受春的气息！"

格格说："龙爷爷邀请大家一起去参加春宴，你快下来吧。"

骑凤仙人开心地说："好啊，那待会儿见！"

龙爷爷去准备春宴了，小阿哥他们则继续去找其他的小伙伴！

格格和小阿哥穿过太和门，来到内金水河，发现押鱼鱼正趴在栏杆上。

格格问：“你在干吗呢？”

“我正在跟鲤鱼聊天呢，”押鱼鱼答道，“你们看，这里有个大冰窟窿！刚才我看见鲤鱼在水底游，就请它上来聊天。可是它说现在天气还不够暖和，十天之后就可以到水面跟我玩了。”

格格说：“别聊天啦！龙爷爷邀请大家参加春宴，你一定来哟。”

押鱼鱼说：“好啊，那待会儿见！”

格格和小阿哥通知所有的小伙伴后，就来到了太和殿。

等了一会儿还不见小伙伴来，小阿哥不耐烦地说：“他们是不是不来了？”

不料这时却听到小伙伴的声音：“我们早来了！”

帝命式于九

原来他们在屋脊上站着呢！

骑凤仙人打头，小伙伴们一个接着一个地走下来。他们个个身怀绝技、本领高强，有的能呼风唤雨，有的能消灾免祸……

他们是骑凤仙人、龙爷爷、凤娇娇、狮威威、海马游游、天马飞飞、押鱼鱼、狻大猊、獬小豸、斗牛牛、猴小什。

猴小什
斗牛牛
獬小豸
狻大猊
押鱼鱼
马飞飞

小伙伴们都到齐了，龙爷爷宣布：“走，我们去吃大餐吧！”

大家跟着龙爷爷走进一间屋子，映入眼帘的是一大桌子美味佳肴。

“耶！春天来了！咬春喽！”大家找到座位坐下，便开心地吃起来。

斗牛牛说：“这个五辛盘里的菜有点辣，都有些什么菜啊？”

骑凤仙人解释道：“有葱、韭菜、蒜、芸（yún）薹（tái）（油菜）、胡荽（suī）（香菜）五种蔬菜，‘辛’与‘新’同音，做这个菜意味着迎接新的一年。”

我也来一个。
咬春喽！
春卷真好吃！

太和殿

太和殿是故宫等级最高的建筑物，代表了皇帝至高无上的权力和地位。明清时，皇帝每逢生日（万寿节）、登基、大婚、册立皇后、派将出征，以及元旦、冬至等重要的日子，都要在这里举行盛大的典礼，文武百官都要参加。

畅音阁

畅音阁位于养性殿的东侧，为故宫中最大的一座戏台。看戏是古代皇宫中主要的娱乐项目，畅音阁作为故宫内最大的戏台，在重要节日时才会有演出。

女靠

女靠是传统戏剧中女将的戎装，样式比男靠更具装饰性，纹样色彩更加艳丽，衬托出女将的英姿飒爽。这件玫瑰紫缎平金网凤戏牡丹纹女靠，是清代光绪年间所制，衣长 142.5 厘米。

内金水河

太和门前面的这条河被称为“内金水河”。用“内”是因为这条河流经皇城，与天安门前的外金水河相对；用“金”字则是因为这条河的河水引自西边的玉泉山，金木水火土五行有各自对应的方位，金对应的方位就是“西”。

立春在每年的 2 月 3 日、4 日或 5 日。“立”是开始的意思，立春就是春天的开始。从立春到立夏为春天。立春是中国的传统节日之一，是节气意义上的一年之始，不仅预示春天的来临，更预示一年农事活动的开始。人们都极为重视这个节日，会在这天吃春饼、春卷等食物庆祝，称为“咬春”。

二十四节气古诗词——立春

立春

◎南宋 王镃

泥牛鞭散六街尘，
生菜挑来叶叶春。
从此雪消风自软，
梅花合让柳条新。

作者：王镃，字介翁，人称“月洞先生”。南宋诗人。

诗词大意：立春这天，人们在郊外鞭打土牛，街道上的尘土，也仿佛被人们迎接春天的热情吹散。田里挑来的新鲜蔬菜，每一片叶子上都洋溢着春意。从这天开始，积雪渐渐消融，春风温暖和煦。梅花退场，柳树抽出绿芽，一切焕然一新。

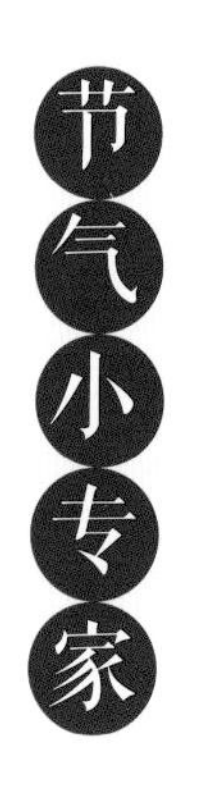

鞭春牛

鞭春牛是一种传统习俗。古时立春日，帝王要在城东郊祭祀句（gōu）芒。相传句芒是主管农事的春神，形象是一个拿着鞭子的人。祭祀时旁边还有用泥土塑成的牛，所谓“执仗鞭牛”，意在于提醒百姓农耕时节到了，可以开始新一年的耕种了。

迎春

据记载，在春秋战国时期，立春之日天子亲率三公九卿、诸侯大夫去东郊迎春，并有祭祀句芒的仪式，以祈求丰收。回来之后，天子还要赏赐群臣，并颁布有利于人民的诏令。立春之日祭神表达了人们渴望美好春天的强烈愿望。这种活动延续至今，只是形式有所变化。

吃春饼

吃春饼是立春时节饮食风俗之一。据《北平风俗类征·岁时》载：“是月如遇立春……富家食春饼，备酱熏及炉烧盐腌各肉，并各色炒菜，如菠菜、韭菜、豆芽菜、干粉、鸡蛋等，且以面粉烙薄饼卷而食之，故又名薄饼。”如今，每年立春，我国南北方都有吃春饼的习俗。

节气物候说

立春三候

初候 东风解冻

东风送暖，大地开始解冻，万物渐渐苏醒。

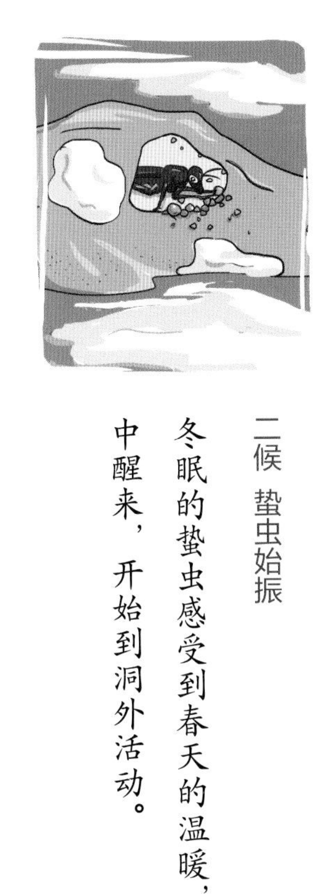

二候 蛰虫始振

冬眠的蛰虫感受到春天的温暖，在洞中醒来，开始到洞外活动。

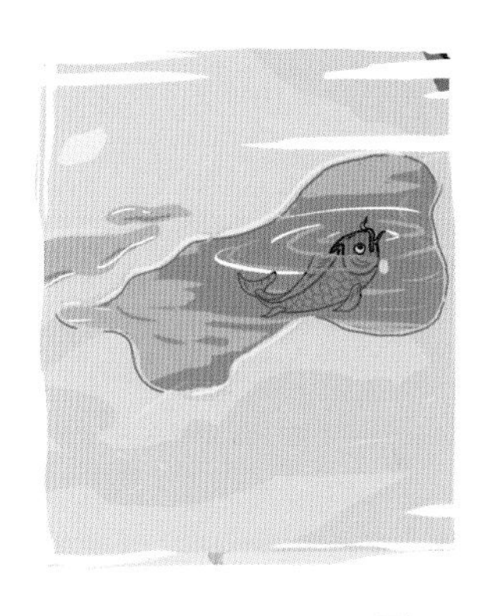

三候 鱼上冰

河里的冰开始融化，鱼儿开始游到冰面附近活动。

御花园·2月

玉兰花

AR重现恢宏古建

扫描二维码下载 App

⇩

打开 App

⇩

点击“AR 故宫”

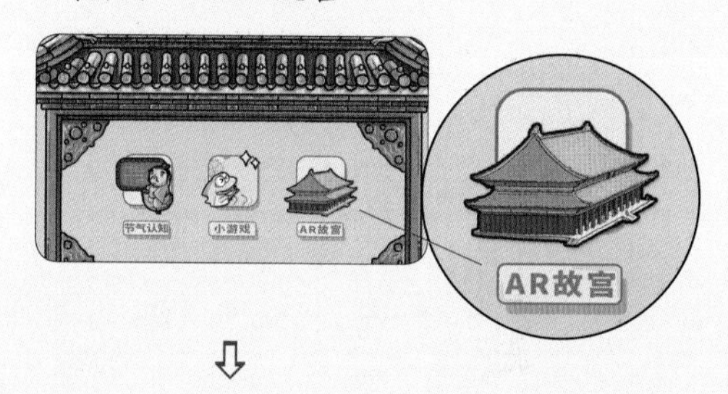

⇩

扫描下方建筑 —— 太和殿